FORSCHUNGSBERICHTE DES LANDES NORDRHEIN-WESTFALEN

Nr. 1213

Herausgegeben
im Auftrage des Ministerpräsidenten Dr. Franz Meyers
von Staatssekretär Professor Dr. h. c. Dr. E. h. Leo Brandt

Dr. rer. nat. Dipl.-Chem. Wilhelm Fischer
Dr. rer. nat. Dipl.-Chem. Lothar Jaehn

Prüf- und Forschungsinstitut für Schuhherstellung, Pirmasens

Untersuchung der Beeinflussung der Adhäsions- und Kohäsionsenergie von Klebstoffen

Springer Fachmedien Wiesbaden GmbH 1963

ISBN 978-3-663-06451-0 ISBN 978-3-663-07364-2 (eBook)
DOI 10.1007/978-3-663-07364-2
Verlags-Nr. 011213

Ursprünglich erschienen bei Westdeutscher Verlag, Köln und Opladen 1963
Gesamtherstellung: Westdeutscher Verlag

Inhalt

1. Allgemeine Einführung

Die Entwicklung der Schuhfabrikation hat in den vergangenen Jahren dazu geführt, daß die Verklebung bei der Schuhherstellung einen immer größeren Umfang annimmt und die herkömmlichen Verfahren der Befestigung, hauptsächlich von Schaft und Bodenteil, wie Nähen, Nageln und Klammern, nicht mehr die große Bedeutung haben. Zahlreiche Verklebungsschwierigkeiten sowohl bei Leder als auch bei Gummimaterial und Kunststoffen haben es erforderlich gemacht, diese Fragen eingehender zu überprüfen. Wie die Untersuchungen dieser Schwierigkeiten ergeben haben, liegen die Ursachen in der Wechselwirkung zwischen den Inhaltsstoffen von Leder, Gummi oder Weichmachern einerseits und den verwendeten Klebstoffen andererseits. Die vorliegende Forschungsaufgabe hat deshalb den Zweck, Fette, Plastikatoren und Weichmacher in Leder, Gummi und Kunststoffmaterialien zu untersuchen, besonders im Hinblick auf deren Wirkung auf die Verklebung. Der Einfluß der Lederfettungsmittel und Weichmacher in Leder und Gummi hat in der letzten Zeit größere Aufmerksamkeit auf sich gelenkt, und besonders das Institut hat in zahlreichen Veröffentlichungen in Schuhfachzeitschriften auf diese Probleme hingewiesen. Über weitgehendere Untersuchungen, besonders auch im Zusammenhang mit der Vulkanisation, wurde bereits an anderer Stelle berichtet [1], [2], [3].

2. Untersuchung der Beeinflussung der Verklebung durch Lederfettungsmittel

Die Untersuchung der Beeinflussung der Verklebung durch Lederfettungsmittel wurde damit begonnen, daß verschiedene fettere Leder, von denen nur die Menge des extrahierbaren Fettes bekannt war, unter denselben Bedingungen mit den gleichen Klebstoffen verklebt wurden. Dabei konnte erkannt werden, daß bei fetteren Ledern in allen Fällen mit mehr oder weniger großen Schwierigkeiten zu rechnen war, und zwar besonders dann, wenn mehr als 8% extrahierbares Fett in den Ledern enthalten war. In diesen Fällen waren die Klebstoff-Filme der Verklebungen nach längerer Lagerzeit, aber auch zum Teil schon nach wenigen Tagen, stark klebrig geworden. In Extremfällen kann es so weit gehen, daß die Klebstoff-Filme eine gewisse Klebrigkeit überhaupt nicht verlieren.

Um den Einfluß einzelner Fettungsmittel auf die Verklebung mit verschiedenen Klebern zu untersuchen, wurden zunächst Leder, die mit definierten Fetten und Fettmengen gefettet waren, verklebt. Hierdurch konnte dann im Verlauf der Versuche festgestellt werden, wie sich die einzelnen Fette gegenüber den verschiedenen Klebstoffen verhalten und ob Unterschiede in der Wirkung – sowohl nach der Menge als auch nach der Art des Fettes – bestehen.

Für diese Untersuchungen wurden zunächst vor allem Tran, oxydierter Tran (Degras), Talg, Wollfett und Spermöl eingesetzt.

Die Verklebung erfolgte mit einem Gummimaterial, von dem aus keine Beeinflussung der Verklebung zu erwarten war.

Die Haftfestigkeiten wurden ermittelt

a) sofort nach der Verklebung,

b) nach 3 Tagen und

c) nach einer dreiwöchigen Lagerzeit der Proben bei 40° C.

Die Haftfestigkeit nach der Alterung ist für diese Untersuchungen am wichtigsten, da sich meistens erst nach diesem Zeitraum die Fette oder schädlich wirkenden Stoffe auswirken bzw. zur Klebstoffschicht wandern. Wie aus Tab. 1 zu ersehen ist, kann man die Wirkung der verschiedenen Fette auf die Verklebung gut erkennen, und die Menge des verwendeten Fettes kommt ebenfalls deutlich zur Auswirkung. Zu beachten ist aber, daß zwischen den einzelnen Fetten ein Unterschied besteht und daß z. B. Talg, Wollfett und oxydierter Tran verhältnismäßig wenig auf die Verklebung einwirken, während bei Tran und Spermöl eine wesentlich stärkere Wirkung festzustellen ist. Dies hängt sehr wahrscheinlich – wie andere Untersuchungen gezeigt haben – mit dem stärker ungesättigten Charakter dieser Fette zusammen. Aus den Untersuchungen ist ferner zu ersehen, daß bis zu einem Fettgehalt von etwa 8% die Wirkung der Fette auf die Verklebung verhältnismäßig gering ist und daß diese Wirkung – wenn überhaupt – je nach der Fettung erst nach längerer Lagerzeit in Erscheinung tritt. So steigen bei fast allen Proben die

Tab. 1 Haftfestigkeiten der Verklebung von fetten Ledern mit Gummimaterial und verschiedenen Klebern

(Haftfestigkeitswerte in kg/cm)

	Kautschuk-2-Komp.-Kleber			Polychloropren-1-Komp.-Kleber			Polychloropren-2-Komp.-Kleber			Polyurethan-kleber		
	Anf.	3 Tg.	Altg.	Anf.	3 Tg.	Altg.	Anf.	3 Tg.	Altg.	Anf.	3 Tg.	Altg.
Degras												
12,0%	1,7	4,1	3,9	2,6	3,8	3,7	1,8	4,3	4,2	2,0	5,4	5,5
11,6%	2,0	4,5	4,1	2,5	3,4	3,2	1,9	4,2	4,3	2,2	5,2	4,9
Stearin												
11,6%	2,0	4,3	3,9	2,6	3,5	3,3	2,7	4,5	4,4	2,0	5,1	5,5
8,3%	2,6	3,5	3,3	3,2	4,5	4,4	3,8	5,8	5,7	2,2	5,1	5,4
Wollfett												
14,9%	2,5	4,3	4,0	3,1	4,8	4,5	2,3	4,3	4,1	1,5	4,9	5,3
13,6%	2,1	3,8	3,7	2,3	3,1	3,2	2,5	5,1	4,9	1,9	4,5	4,8
Talg												
13,8%	2,6	4,2	4,1	2,7	3,9	3,8	2,8	4,1	4,0	2,3	5,6	5,8
11,0%	3,1	4,0	3,9	2,8	3,9	3,9	2,8	4,1	3,8	2,3	5,6	5,4
Tran												
14,6%	2,6	3,9	3,2	2,8	3,2	2,5	2,1	3,8	3,2	2,7	5,2	5,3
10,6%	2,0	4,0	3,5	3,3	3,6	3,1	4,2	3,9	3,2	1,8	5,4	4,6
Spermöl												
15,1%	2,6	3,0	2,5	2,9	3,3	2,8	2,4	4,2	3,8	1,9	5,2	4,8
10,8%	2,5	3,4	2,9	2,9	3,6	3,2	2,9	5,2	4,9	1,8	5,0	5,2

Haftfestigkeitswerte sofort nach der Verklebung bis zu 3 Tagen nach der Verklebung im Durchschnitt etwas an, während dann nach der dreiwöchigen Lagerung bei 40°C ein deutlicher Abfall der Haftfestigkeitswerte festgestellt werden konnte. Dies hängt mit allmählichen Einwirkungen der Fette auf die Klebstoff-Filme zusammen und ist auch abhängig von der Verteilung der Fette im Leder und davon, ob es sich hauptsächlich bei den verarbeiteten Ledern um eine Oberflächenfettung oder um eine Gesamtfettung gehandelt hat.

Sehr wichtig bei diesen Untersuchungen war ferner die Beobachtung, die auch von der Praxis her bestätigt wurde, wie sich die einzelnen Kleber gegenüber den verschiedenen Fetten verhalten. Es ist deutlich zu erkennen, daß der Kautschukkleber gegenüber der Einwirkung von Fett, trotz des Zusatzes von Härter, eine stärkere Empfindlichkeit zeigt und daß schon Polychloropren-Einkompenentenkleber in dieser Beziehung wesentlich günstigere Haftfestigkeitswerte aufweist.

Die Beständigkeit der Polychloroprenfilme kann – wie man aus der Tab. 1 ersehen kann – durch Zusatz von Härter weiter verbessert werden, was bei Zweikomponenten-Polychloroprenkleber der Fall ist. Untersuchungen mit verschiedenen handelsüblichen Polychloropren-Einkomponenten- und -Zweikomponentenklebern zeigten, daß – wie zu vermuten war – innerhalb dieser Produkte sehr deutliche Unterschiede im Verhalten gegenüber fetten Ledern zu beobachten sind. Dies ist sehr wahrscheinlich auf die verschiedenen Harzzusätze bei Polychloroprenklebern zurückzuführen. Untersuchungen in dieser Richtung sind im Gange, um zu ermitteln, welcher chemische Aufbau der Harzzusätze gegenüber Fetten und Weichmachern die größte Widerstandsfähigkeit bzw. Empfindlichkeit zeigt.

Die Zweikomponentenverklebung wurde in allen Fällen sowohl mit Desmodur R als auch mit Desmodur RF durchgeführt, und es konnten keine wesentlichen Unterschiede in den Endfestigkeiten und im Verhalten festgestellt werden. Besonders gute Haftfestigkeitswerte, die einen geringen Abfall auch nach der Alterung aufweisen, ergeben sich bei Verklebungen mit Polyurethankleber, was auf die besonders intensive chemische Vernetzung zurückzuführen ist, die gegen Einflüsse von Fett verhältnismäßig beständig ist. Ein Polychloropren-Zweikomponentenkleber ist jedoch praktisch auf Grund seiner teilweisen chemischen Vernetzung bei den meisten Verklebungen sehr günstig, wenn auch aus verarbeitungstechnischen Gründen lieber mit einem Einkomponentenkleber gearbeitet wird.

Aus diesen Ergebnissen heraus können für den Einsatz von Klebstoffen wichtige Erkenntnisse gezogen werden. So kann man deutlich feststellen, daß für eine dauerhafte Verklebung bei fetteren Ledern zumindest mit einem Zweikomponentenkleber gearbeitet werden soll. Falls man sich aber über die Höhe des Fettgehaltes nicht ganz im klaren ist und dieser sehr wahrscheinlich über 14% liegt, ist unbedingt ein Einsatz von Polyurethankleber vorzuschlagen. Auch in diesen Fällen ist die Beeinflussung nicht ganz ausgeschlossen, aber sie ist mit Sicherheit wesentlich geringer als bei anderen Klebstofftypen, und es ist nach den bisherigen Erfahrungen der sicherste Weg.

3. Papierchromatographische Untersuchung von Lederfetten

Die vorstehenden Untersuchungen haben gezeigt, daß deutliche Unterschiede in der Wirkung der einzelnen Fette bestehen. Weitgehend ungeklärt ist hierbei allerdings die Frage, welche Fette bzw. welche Bestandteile bestimmter Fette ausschlaggebend sind und besonders ungünstig wirken.

Es ergibt sich daraus die Notwendigkeit einer schnellen und einwandfreien Analyse der Lederfettungsmittel, wobei ein besonderes Interesse auf solche Komponenten gerichtet war, die gefährlich sind und zu Schwierigkeiten führen. Es wurde also angestrebt, kleine Mengen von Triglyceriden von anderen in Frage kommenden Fettungsmitteln, wie Paraffin und freie Fettsäure, zu unterscheiden und die Art, besonders der vorliegenden Triglyceride, zu erkennen. Für diese Untersuchungen bot sich nach der Entwicklung der Fettforschung in den letzten Jahren zunächst die papierchromatographische Untersuchung an [17]. Die Untersuchungen werden, nachdem das Institut einen Infrarotspektrographen und einen Gaschromatographen erhalten hat, mit diesen neuesten physikalisch-chemischen Untersuchungsmethoden fortgesetzt.

Die Papierchromatographie der Fettsäuren ist seit mehr als zehn Jahren Gegenstand zahlloser wissenschaftlicher Arbeiten und findet in einer großen Zahl von Veröffentlichungen ihren Niederschlag. Demgegenüber ist die Papierchromatographie der Triglyceride erst vor verhältnismäßig kurzer Zeit in Angriff genommen worden. Die Mehrzahl dieser Arbeiten stammt aus dem deutschen Institut für Fettforschung von H. P. Kaufmann und seinen Mitarbeitern und ist in »Fette-Seifen-Anstrichmittel« veröffentlicht.

Für unsere speziellen Untersuchungen an Lederfettungsmitteln konnten wir uns auf die grundlegenden Arbeiten von H. P. Kaufmann stützen. Wo es erforderlich war, wurden die dort ausgeführten Methoden den speziellen Bedürfnissen angepaßt.

Es war zunächst beabsichtigt, die unverseiften Fette direkt zu chromatographieren, wobei im wesentlichen auf zwei Veröffentlichungen von H. P. Kaufmann Bezug genommen werden konnte [4], [5]. Indessen waren die RF-Werte der Fette bei diesen Versuchen so klein, daß es nicht zu der gewünschten Aufspaltung in charakteristische Triglyceridfraktionen kam.

Die zu untersuchenden Fettungsmittel wurden daher unter Bedingungen, wie sie H. P. Kaufmann vorgeschlagen hat [6], verseift und die isolierten Fettsäuren mit Petroläther aufgenommen. Diese Lösungen wurden für die nachfolgend beschriebene papierchromatographische Untersuchung eingesetzt.

Methodik der papierchromatographischen Untersuchungen

Papier

Verwendet wurde Schleicher & Schüll-Papier 2043 bM. Die Papierbögen wurden in der Richtung des Pfeiles (Wasserzeichen) in je vier Streifen unterteilt und in Teilbögen mit je vier zusammenhängenden Parallelchromatogrammen zur gemeinsamen Imprägnierung zerschnitten.

Imprägnierung

Die Teilbögen wurden gewogen und anschließend nach dem von KAUFMANN und Mitarbeitern [7–12] angegebenen Verfahren imprägniert. Als Imprägnierungsmittel dient Undecan, das mit Eisessig gesättigt ist und beim Schütteln gleicher Teile Undecan und Eisessig im Scheidetrichter die obere Phase bildet. Als untere Phase hat sich undecangesättigter Eisessig gebildet, der als Verteilungsgemisch (mobile Phase der Papierchromatographie) dient.
Die Papierbögen wurden mehrmals durch das in einer Entwicklungsschale befindliche Imprägnierungsmittel hindurchgezogen. Das überschüssige Undecan wurde zur Erzielung des gewünschten Imprägnierungsgrades nach kurzem Abtropfen, durch Abpressen mit trockenem Filtrierpapier entfernt. Das Abpressen wurde so oft mit frischem Filtrierpapier wiederholt, bis durch Wägung ein Imprägnierungsgrad von etwa 0,2 ermittelt wurde.

$$\text{Imprägnierungsgrad} = \frac{\text{Gramm Imprägnierungsmittel}}{\text{Gramm Papier}}$$

Das Auftragen und die Menge der Substanz

Auf dem Mittelpunkt der vorher markierten Startlinie wurden die in Petroläther gelösten Fettsäuren aufgetragen.
Dazu diente eine Leukozytenpipette, die durch vorheriges Wägen mit Wasser geeicht worden war. Die Gesamtmenge der aufgetragenen Fettsäuren eines verseiften Triglycerides betrug jeweils maximal 0,1 mg; die Menge der einzelnen Fettsäurekomponenten etwa 10–50 μg.

Entwickeln

Nach dem Verdunsten des Petroläthers wurden die Bogen nochmals zur endgültigen Feststellung des Imprägnierungsgrades gewogen und anschließend in Chromatographiezylinder eingesetzt. Es wurde ausschließlich die absteigende Methode angewendet, um die Laufzeiten in erträglichen Grenzen zu halten. Als Lösungsmittelgemisch diente, wie erwähnt, mit Undecan gesättigter Eisessig. Die Laufzeiten betrugen 24–32 Stunden bei einer Temperatur von 21 $\pm$ 2° C.

Trocknung

Nach dieser Zeit war das Verteilungsgemisch etwa 30–40 cm gewandert. Die Chromatogramme wurden, nachdem die Lösungsmittelfront markiert worden war, einige Minuten an der Luft und anschließend 1½ Stunden im Trockenschrank bei 105° C getrocknet.

Anfärben

Die Sichtbarmachung von freien Fettsäuren erfolgte meistens durch unmittelbare Überführung in Metallseifen. Anschließend wurden die Seifen zersetzt und die Metalle mit den entsprechenden Reagenzien in Komplexe mit charakteristischer Färbung übergeführt.
Die für die Anfärbung von Triglyceriden brauchbaren Reagenzien Molybdatophosphorsäure [5] und Quecksilberacetat/Diphenylcarbazon [13] können zur Sichtbarmachung von Fettsäuren herangezogen werden, wobei die mit ungesättigtem Charakter am stärksten reagieren.
Zunächst wurde die von H. P. Kaufmann erwähnte Anfärbungsmethode mit Kupferacetat/Kaliumhexacyanoferrat II angewendet. Die Methode eignet sich auch als Nachweisreaktion für Fettsäuren auch im Gemisch mit Triglyceriden und ist als Mikroreaktion geeignet, da nur wenige μg Substanz benötigt werden.
Die Reaktion ist weniger empfindlich als die beiden oben genannten, jedoch kann die Empfindlichkeit durch Anwendung der »potenzierten Methode« hinreichend gesteigert werden [14].
Eine noch bessere Anfärbung läßt sich durch Umsetzung der gebildeten Kupferseifen mit Rubeanwasserstoff erzielen [15], weswegen diese Methode schließlich als am günstigsten beibehalten und angewendet wurde. Der überschüssige Rubeanwasserstoff wurde durch Auswaschen mit Alkohol entfernt. Die Fettsäureflecken liegen zum Schluß als Kupferrubeanat vor und sind dunkelgrün gefärbt, während das »leere« Papier bei gründlichem Auswaschen weiß bleibt.

Auswertung

Nach dem Trocknen der Chromatogramme wurden die einzelnen Flecken ausgemessen und daraus die RF-Werte der getrennten Substanzen errechnet.
Im folgenden sollen die Untersuchungsergebnisse an Hand der Abbildungen[1] der Papierchromatogramme erläutert und ausgewertet werden.
Die Abb. 1 zeigt fünf Papierchromatogramme von technischer Stearinsäure, die, da sie besonders häufig verbreitet ist, als Bezugssubstanz Verwendung fand. Aus der Tatsache, daß die Stearinsäure stets zwei deutlich unterscheidbare Flecken liefert, geht hervor, daß sie in Wirklichkeit ein Gemisch aus Stearin- und Palmitinsäure ist. Aus insgesamt 15 Versuchen ergab sich für den ersten Fleck ein mittlerer RF-Wert von 0,32, für den zweiten 0,41. Aus RF-Werttabellen [16] ist zu entnehmen, daß der erste Fleck (von der Startlinie an gerechnet) Stearinsäure und der zweite Palmitinsäure ist. Dort war unter ähnlichen Versuchsbedingungen z. B. das Verhältnis 0,31 zu 0,43 gefunden worden.

[1] Auf den Abbildungen ist die „Startlinie" stets unten, die Lösungsmittelfront dementsprechend oben.

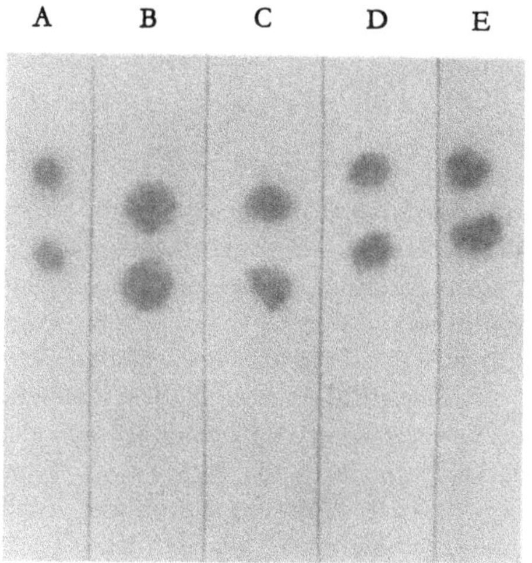

Abb. 1

Ebenfalls zwei Flecken mit den gleichen RF-Werten wie die der technischen Stearinsäure ergaben die Fettsäuren eines verseiften Talges, wie aus der Abb. 2, Chromatogramm A und B, ersichtlich ist.
In dem untersuchten Talg wurden also nur Palmitin- und Stearinsäure als wesentliche Fettsäurekomponenten ermittelt. Bei Verdoppelung der eingesetzten Menge des verseiften Talges trat auf den Chromatogrammen jedoch noch eine dritte Fettsäure schwach in Erscheinung, die auf Grund ihres RF-Wertes als Myristinsäure

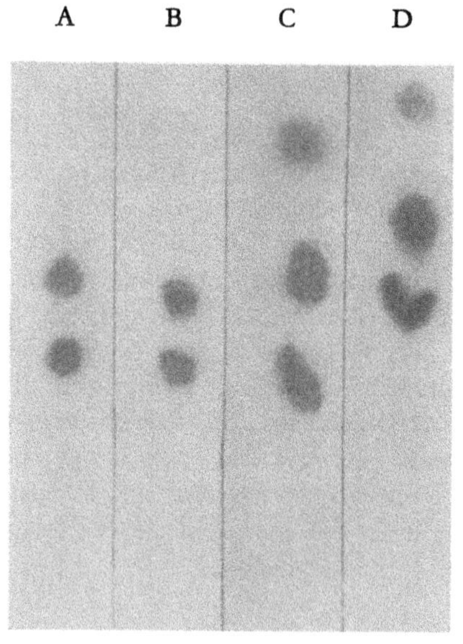

Abb. 2

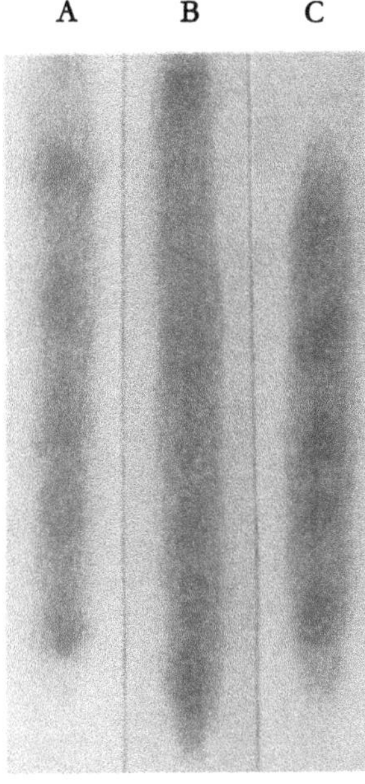

Abb. 3

angesehen werden kann (C und D). Abweichend von den übrigen Triglyceriden verhält sich das verseifte Wollfett, Abb. 3, bei dem es in keinem Fall zu einer klaren Trennung in einzelne Fettsäurefraktionen kam. Die angefärbte Zone beginnt bereits kurz nach der Startlinie und erstreckt sich über etwa zwei Drittel des vom Lösungsmittel durchflossenen Raumes. Innerhalb der angefärbten Zone sind lediglich stärker und schwächer angefärbte Gebiete zu unterscheiden, die gewisse Konzentrationsunterschiede erkennen lassen. Das abweichende Verhalten des Wollfettes wird aus seiner Zusammensetzung erklärlich, nach der es zu den tierischen Wachsen gerechnet werden muß. Als solches besitzt es einen extrem hohen Gehalt an Unverseifbarem, das nach der Verseifung nur sehr schwierig abgetrennt werden konnte und von dem ein Teil bei der Extraktion zusammen mit den Fettsäuren in den Petroläther ging. Beim Chromatographieren scheinen diese Bestandteile die Trennung der Fettsäuren ungünstig beeinflußt zu haben. In diesem Falle ist deshalb eine genauere Identifizierung der einzelnen Fettsäurebestandteile nicht möglich. Die folgenden Abb. 4 und 5 zeigen die Papierchromatogramme von verseiftem Spermöl (Abb. 4) und Tran (Abb. 5). Sie zeigen zunächst

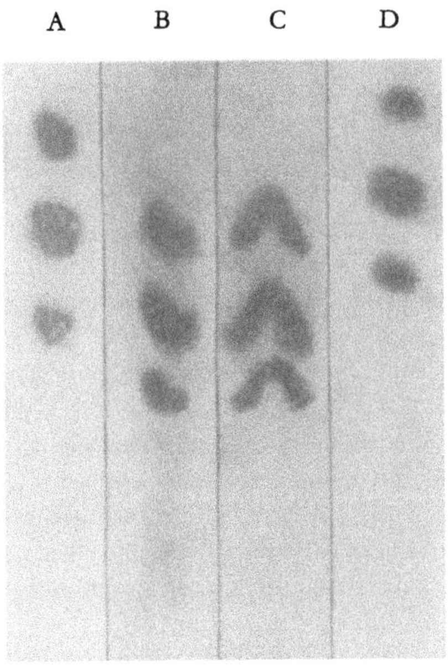

Abb. 4

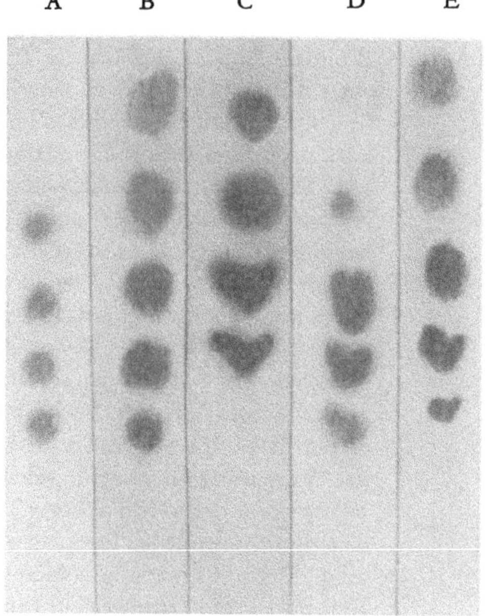

Abb. 5

nur insofern einen Unterschied, als bei Spermöl in allen Fällen nur drei, bei Tran dagegen meistens vier Flecken sichtbar geworden sind. Jedoch reagieren die Fettsäuren des Tranes infolge ihres stark ungesättigten Charakters mit Molybdatophosphorsäure und Quecksilberacetat/Diphenylcarbazon wesentlich stärker als die gleiche Menge anderer, vorwiegend aus gesättigten Fettsäuren bestehender Fette und unterscheiden sich darin von allen anderen in Frage kommenden Substanzen. Charakteristisch für Tran sind zwei Flecken mit den RF-Werten 0,24 und 0,49, die nach den vorliegenden Wertetabellen [16] dem »kritischen Paar« Myristin-Linolsäure (0,49) und dem Paar Arachin-Erucasäure (0,24) zuzuordnen sind. Eine Trennung der ungesättigten von der gesättigten Fettsäure ist nicht erfolgt, da sich, wie schon H. P. Kaufmann feststellt, »kritische Paare« bilden, d. h. es wandert meistens mit einer gesättigten eine um zwei C-Atome längere ungesättigte Fettsäure mit. Spermöl (Abb. 4) fällt durch seinen hohen Gehalt einer Fettsäure mit dem RF-Wert 0,49 auf, die mit Myristin- und Linolsäure identisch sein könnte. Wegen des ziemlich hohen Gehaltes an Unverseifbarem fallen die Reaktionen auf Fettsäuren verhältnismäßig schwach aus.
Die nun folgenden Abb. 6 und 7 stellen die Chromatogramme der Fettsäuren eines aus einem Fahlleder extrahierten Fettes dar. In allen Fällen sind mindestens vier Fettsäuren sichtbar geworden, in einigen Fällen als schwache Andeutung noch eine fünfte.
Die beiden Chromatogramme der Abb. 7 stellen Gemische der Fettsäuren des Fahlleders mit anderen Fettsäuren dar, und zwar bei A mit Fettsäuren aus Talg

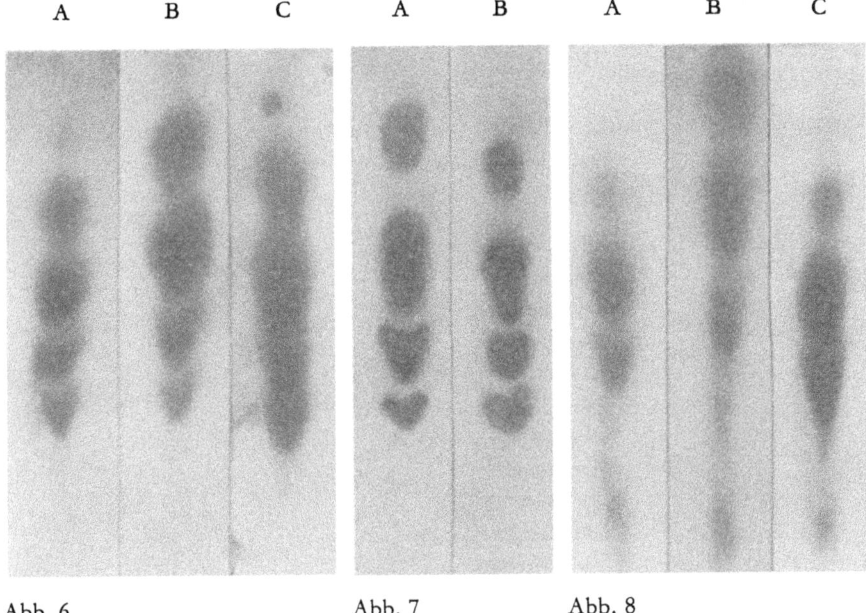

Abb. 6 Abb. 7 Abb. 8

und bei B mit Fettsäuren aus Tran. Im Vergleich zu dem reinen Fahllederextrakt-Chromatogramm ist kein großer Unterschied erkennbar, d. h., daß das Fett des Fahlleders im wesentlichen die gleichen Fettsäuren enthält wie Talg und Tran. Die Auswertung der RF-Werte der Fettsäureflecken bestätigt dieses Bild. Als RF-Wert für insgesamt fünf sichtbar gewordene Fettsäureflecken wurden bei dem Fahllederfett gefunden:

0,24 0,32 0,41 0,49 0,60

Die Flecken mit den RF-Werten 0,32 und 0,41 sind nahezu allgegenwärtig und sind – wie erwähnt – der Stearin- und Palmitinsäure zuzuordnen. Dagegen sind die RF-Werte 0,24 und 0,49 immer wieder bei Tran aufgetreten, so daß als wesentlicher Bestandteil dieses Lederfettes Tran angenommen werden muß.

Die Abb. 8 zeigt Chromatogramme der Fettsäuren eines aus einem Oberleder extrahierten Fettes. Zur Fixierung der Lage der einzelnen Fettsäuren wurde bei C der Fettsäurelösung technische Stearinsäurelösung hinzugegeben. Die einzelnen Fettsäureflecken erscheinen nur unzulänglich getrennt bzw. ziemlich verwaschen, welche Tatsache auf das Vorliegen von Wollfett als Fettungsmittel schließen läßt.

Im übrigen stellen aber die mittleren RF-Werte gut reproduzierbare Kennzahlen dar, solange man die wesentlichsten Bedingungen des Chromatographierens (Papierimprägnierung und Verteilungsgemisch) konstant hält. Es ist am zweckmäßigsten, wenn man benachbart zur Analysensubstanz eine Testsubstanz, deren Anwesenheit vermutet wird, mitlaufen läßt, da die unter gleichen Bedingungen erhaltenen Flecken am ehesten miteinander vergleichbar sind. In der folgenden Übersicht sind die gefundenen RF-Werte bzw. die kritischen Fettsäurepaare zusammengestellt.

System: Eisessig, undecangesättigt (mobile Phase)
Undecan, eisessiggesättigt (stationäre Phase)
Papier: Schl. & Sch. Nr. 2043 bM; T = 21°C

Fettsäuren	*RF-Werte*
Arachinsäure Erucasäure	0,25
Stearinsäure Eicosensäure	0,32
Palmitinsäure Ölsäure	0,41
Myristinsäure Linolsäure	0,49
Laurinsäure Linolensäure	0,60

4. Einfluß der Weichmachungsmittel bei Gummimaterialien auf die Verklebung

Im folgenden Abschnitt soll über Arbeiten berichtet werden, die im Zusammenhang mit Untersuchungen an Gummimaterialien bzw. an Weichmachern durchgeführt wurden. Es wurden hierbei Gummimischungen mit verschiedenen Weichmachern hergestellt und auf ihre Verklebungseigenschaften geprüft. Verwendet wurden Weichmacherzusätze von 10%, um deutlich erkennbare Unterschiede zu erhalten. Weiter kann hier über Untersuchungen berichtet werden, die an Kunstkautschukmischungen durchgeführt wurden, bei denen Naturkautschuk mit ölgestrecktem Synthesekautschuk verschnitten war. Diese Arbeiten liegen etwas länger zurück und wurden durch Schwierigkeiten angeregt, die vor etwa zwei Jahren in starkem Maße aufgetreten waren. Bei diesen Arbeiten wurde eine Naturkautschukmischung hergestellt und diese nach und nach im Verhältnis 70/30, 50/50, 30/70 mit ölverstrecktem Synthesekautschuk verschnitten, um daraus die Veränderung der Verklebungswerte festzustellen. Es ergab sich, wie aus Tab. 2 hervorgeht, daß die Mischungen – sobald sie mit ölverstrecktem Synthesekautschuk verschnitten werden – wesentlich schlechtere Verklebungswerte aufweisen. Besonders deutlich wird das, wenn man die verschiedenen Werte bei den einzelnen Klebstofftypen vergleicht. Der Naturkautschukkleber mit 10% Härter ergibt normalerweise bei einer reinen Naturkautschukmischung mit die besten Haftfestigkeitswerte. Diese Werte fallen jedoch bei Synthesekautschukzusatz sofort stark ab und werden bei Mischungen von ölgestrecktem Synthesekautschuk und Naturkautschuk noch wesentlich schlechter. Eine Synthesekautschukmischung ohne Öl läßt sich noch verhältnismäßig günstig mit Naturkautschuk verkleben.

Besonders interessant an diesen Verklebungsversuchen ist aber, daß Polychloropren-Zweikomponentenkleber bei diesen Verklebungen verhältnismäßig schlechte Haftfestigkeitswerte ergibt und unter Umständen sogar bei der Mischung 70 Teile Synthesekautschuk, 30 Teile Krepp überhaupt keine richtigen Haftungen zu erreichen sind. Hier ist es mehrfach vorgekommen, daß Klebstoff-Filme auf solchen Materialien auch nach dem Abtrocknen der Lösungsmittel klebrig blieben oder sehr bald klebrig wurden. Einigermaßen gute Werte sind nur mit einem Polyurethankleber zu erreichen, da dieser sehr wahrscheinlich gegen das austretende und ausschwitzende Weichmacheröl am meisten beständig ist. Aber auch hier sind Verklebungen bei Mischungen – s. Tab. 2 – dabei, die nicht mehr ausreichend sind. Über ähnliche Untersuchungen wurde im Zusammenhang mit der Vulkanisation an anderer Stelle berichtet [2], [3]. Die schlechte Verklebbarkeit beruht danach auf der Nichtverträglichkeit von ölplastiziertem Kautschuk und Naturkautschuk. Man muß deshalb die Verklebungsfragen auch von der Gummiseite her mehr beachten, was inzwischen auch geschehen ist.

Tab. 2 Haftfestigkeiten verschiedener Gummimischungen auf Oberleder, verklebt mit Kautschuk-, Polychloropren- und Polyurethanklebern

(Haftfestigkeitswerte in kg/cm)

Kautschuk-grundlage der verschiedenen Mischungen	Polyurethankleber + 10% Härter			Polychloroprenkleber + 5% Härter			Kautschukkleber + 10% Härter		
	Anf.	3 Tg.	3 W.	Anf.	3 Tg.	3 W.	Anf.	3 Tg.	3 W.
Synthese Kautschuk mit 37,5% Öl	1,6	7,4	6,8	1,4	4,8	4,6	1,0	2,3	2,3
70% Synthese Kautschuk 30% Crepe	0,7	2,5	2,4	0,5	0,9	0,8	1,0	1,8	1,8
50% Synthese Kautschuk 50% Crepe	1,0	7,0	6,4	0,6	1,3	1,1	1,2	2,6	2,5
30% Synthese Kautschuk 70% Crepe	1,3	4,5	4,3	0,8	1,6	1,5	1,3	3,2	3,0
Rein Crepe	1,3	8,3	8,1	0,9	3,5	4,5	1,6	5,2	5,3
Synthese Kautschuk ohne Öl	1,3	8,4	8,3	1,2	4,0	4,3	1,6	3,9	4,4
50% Synthese Kautschuk mit 37,5% Öl 50% Synthese Kautschuk ohne Öl	1,0	6,8	6,7	1,6	4,3	4,2	1,2	3,0	2,5

Anf. = Anfangsklebkraft
3 Tg. = Klebkraft nach 3 Tagen
3 W. = Alterung nach 3 Wochen bei 40° C

Die Werte sind Mittelwerte aus mehreren Bestimmungen.

Die weiteren Untersuchungen auf dem Weichmachergebiet befaßten sich mit der Wirkung der verschiedenen Weichmacher, besonders in Naturkautschukmischungen. Hierbei sollte festgestellt werden, inwieweit diese Zusätze sich ähnlich wie die Lederfette auf die Verklebung auswirken und ob Unterschiede zwischen den einzelnen Produkten vorhanden sind. Es wurden folgende Weichmachertypen eingesetzt:

Mineralöl mit vorwiegend paraffinischer Struktur
Mineralöl mit vorwiegend naphthenischer Struktur
Fettsäureesterweichmacher
Tallölesterweichmacher
Polyglykol
Ligninsulfonate

Ferner wurden synthetische Kautschuktypen mit und ohne Öl als Vergleichsmischungen verwendet, wobei zusätzliche Mischungen mit Aktivatoren untersucht wurden, da diese vor allem bei Kunstkautschuk zum Einsatz kommen. Da anzunehmen war, daß die Füllstoffe die Wirkung der Weichmacher nicht wesentlich beeinflussen würden, wurden zwei verschiedene Füllstofftypen eingesetzt, und zwar ein hochaktiver Füllstoff und eine weniger aktive Füllstofftype, um auch in dieser Beziehung evtl. die Unterschiede feststellen zu können.

Aus Tab. 3 gehen deutlich die Unterschiede zwischen den einzelnen Weichmachertypen hervor. So zeigt der stärker paraffinische Weichmacher die deutlichsten Wirkungen auf die verschiedenen Kleber, während bei den Fettsäureesterweichmachern und Tallölesterweichmachern sowie bei den Ligninsulfonaten eine wesentlich geringere Wirkung festzustellen ist. Ferner kann zwischen dem paraffinischen und dem naphthenischen Weichmacher ein deutlicher Unterschied festgestellt werden, während der auf Polyglykolbasis aufgebaute Weichmacher sich äußerst schädigend auf die Verklebung auswirkt. Die Unterschiede zwischen den einzelnen Weichmachern werden bei Änderung der Füllstoffe – wie ebenfalls aus der Tabelle zu ersehen ist – noch deutlicher erkennbar, was sehr wahrscheinlich mit den adsorbtiven Oberflächeneigenschaften der Füllstoffe zusammenhängt. Genau wie bei den Versuchen mit fetteren Ledern ist auch hier deutlich zu erkennen, daß die Wirkung auf die verschiedenen Klebstofftypen sehr unterschiedlich ist.

So zeigt der Naturkautschuk-Zweikomponentenkleber hier – zusammen mit dem Polychloropren-Einkomponentenkleber – die größte Empfindlichkeit, während besonders der Zweikomponentenkleber in dieser Beziehung wesentlich beständiger ist. Auch hier sind mit Polyurethanklebern wieder die besten Ergebnisse zu erzielen. Die Untersuchungen mit Synthesekautschuk und ölverstrecktem Synthesekautschuk zeigen, daß man hier im allgemeinen mit einem normalen Polychloropren-Einkomponentenkleber sehr gute Haftfestigkeiten erzielen kann. Interessant dürfte sein, daß sich hier schon verhältnismäßig geringe Zusätze von Aktivierungsmitteln ungünstig auf die Verklebung auswirken. Weitere darüber hinausgehende Zusätze von Mineralölweichmachern zu ölgestreckten Materialien sind nicht zu empfehlen, da hierdurch die Verklebungswerte sehr stark abfallen. Zusätze von Ligninsulfonaten – wie sie häufig auch bei Naturkautschuktypen eingesetzt werden – zeigen keine wesentliche Verschlechterung der Haftfestigkeitswerte und wirken sich nicht ungünstig aus. Genauso wie bei den Ledern, wurden auch hier Untersuchungen mit zahlreichen handelsüblichen Klebern durchgeführt, und die Unterschiede zwischen den einzelnen Klebstoff-Fabrikaten waren sehr wesentlich. Dies ist sehr wahrscheinlich, genau wie bei der Wirkung der Fette, auf die unterschiedliche Zusammensetzung in der Harzkomponente der Kleber zurückzuführen. Inwieweit sich die Harze bei den verschiedenen Klebern auch beim Zusammenwirken mit Gummimaterial unterschiedlich verhalten, bleibt einer weiteren Untersuchung vorbehalten.

Die durchgeführten Untersuchungen haben wichtige Erkenntnisse gebracht über die Zusammenhänge und Einflüsse der Weichmacher und Füllstoffe auf die Verklebung und können als Grundlagen für weitere Arbeiten verwendet werden.

Tab. 3 *Verklebungen von Gummimischungen mit verschiedenen Klebstoffen*
(Haftfestigkeitswerte in kg/cm)

	Polychloropren-Einkomponentenkleber			Polychloropren-Zweikomponentenkleber			Polyurethankleber			Naturkautschuk		
	Anf.	3 Tg.	Altg.	Anf.	3 Tg.	Altg.	Anf.	3 Tg.	Altg.	Anf.	3 Tg.	Altg.
Hochaktiver Füllstoff +												
Weichmacher I	2,1	4,2	3,2	2,4	5,6	6,3	1,9	17,0	15,4	G 2,0	4,8	4,1
Weichmacher II	2,2	4,3	3,7	2,6	5,4	5,2	2,4	19,3	17,7	G 2,7	4,3	3,5
Weichmacher III	2,9	4,8	5,0	3,4	5,3	7,8	2,4	12,5	17,5	G 2,5	6,5	6,8
Weichmacher IV	2,8	4,6	5,1	3,5	5,3	7,5	2,3	13,2	18,2	2,4	6,2	6,5
Weichmacher V	2,0	4,5	3,2	2,5	4,0	3,9	2,5	20,5	13,8	G 2,6	4,1	3,0
Weichmacher VI	2,5	4,5	4,7	3,2	5,1	7,0	2,3	15,6	18,1	2,5	6,3	5,8
Aktiver Füllstoff +												
Weichmacher I	1,5	3,7	3,6	1,7	4,3	4,8	1,2	5,2	15,8	2,1	4,7	4,2
Weichmacher II	1,4	3,5	3,5	1,5	4,2	3,9	1,3	11,0	10,3	1,4	4,8	3,7
Weichmacher III	2,3	4,0	4,3	3,1	4,7	6,1	2,5	19,5	17,5	2,5	5,9	5,5
Weichmacher IV	2,5	4,2	4,4	2,9	4,8	6,5	2,5	18,0	18,5	2,4	6,0	5,7
Weichmacher V	1,8	2,7	2,6	1,7	4,9	3,6	1,8	8,8	7,5	1,6	3,4	2,7
Weichmacher VI	2,2	4,1	4,2	3,2	4,8	6,3	2,4	18,5	18,0	2,3	5,8	5,6
Buna 152 (ohne Öl)	3,5	10,4	14,3	5,0	11,1	10,3	1,3	20,5	19,5	2,0	6,8	7,6
Buna 152 + 2% TÄA	5,4	11,3	10,4	6,0	9,0	7,1	1,2	14,3	11,0	1,7	7,6	4,4
Buna 372 (37% Öl)	2,5	5,7	5,7	2,7	9,8	4,9	2,7	12,7	15,0	2,1	5,0	3,1
Buna 372 + 2% TÄA	2,2	5,0	4,7	2,2	7,5	4,7	2,8	15,2	13,3	2,4	4,2	3,1
Buna 371 + 10% I	2,7	5,5	2,4	1,8	8,6	4,0	1,2	8,7	7,6	1,4	3,5	1,5
Buna 372 + VI	4,0	8,2	7,9	4,2	9,2	8,6	1,1	9,8	7,8	1,8	6,8	4,8

Erklärungen zu Tab. 3:

TÄA = Triäthanolamin
Weichmacher I = Mineralölweichmacher mit stark paraffinischen Anteilen
Weichmacher II = Mineralölweichmacher mit stark naphthenischen Anteilen
Weichmacher III = Fettsäureesterweichmacher
Weichmacher IV = Tallölesterweichmacher
Weichmacher V = Polyglykol
Weichmacher VI = Ligninsulfonat

5. Untersuchung des Einflusses der Weichmacher von Kunstleder auf die verwendeten Klebstoffe

Der dritte Teil der Untersuchungen hat sich mit dem Problem der Beeinflussung der Kleber durch die Weichmacher in Kunststoffen, besonders in Kunstledermaterialien, befaßt. Am wichtigsten waren die Fragen, die bei der Verwendung von PVC-Kunstleder als Schaft und Futtermaterial im Zusammenhang mit der Verklebung auftreten. Untersuchungen des Weichmachergehaltes von zahlreichen Kunstledermaterialien haben ergeben, daß diese Stoffe durchschnittlich 25–30% der verschiedensten Weichmacher, hauptsächlich der Phthalsäureesterreihe enthalten, wobei das Textilmaterial in jedem Fall zum PVC gerechnet ist. Dieser hohe Gehalt an Weichmachern ist für die Verklebungen außerordentlich gefährlich, und es wurden deshalb die folgenden Versuche angestellt. Mehrere Kunstledertypen wurden mit Polychloropren-Einkomponentenkleber, Polychloropren-Zweikomponentenkleber, Kautschuk-Zweikomponentenkleber, Kautschuklösung (Buggzement) und Latexkleber mit Zusätzen verschiedener Harzmengen verklebt. Von den Verklebungen wurden Teile 3 Wochen bei 40° C, 3 Wochen bei 70° C und 3 Wochen bei normaler Temperatur gelagert. Zur weiteren Prüfung wurden die Klebstoff-Filme der einzelnen Kleber mit den extrahierten Weichmachern aus den verschiedenen Kunstledermaterialien hauchdünn bestrichen, um die Einwirkung der Weichmacher genauer beurteilen zu können.

Die Untersuchungen haben zu folgendem Ergebnis geführt:

Kautschuklösungen bzw. Kautschukzement und Kautschuk-Zweikomponentenkleber zeigen eine sehr geringe Beständigkeit gegenüber diesen Weichmachern, und die Klebstoff-Filme erweichen unter dem Einfluß dieser Stoffe sehr schnell. Polychloropren-Einkomponentenkleber und Polychloropren-Zweikomponentenkleber zeigen ebenfalls eine verhältnismäßig geringe Beständigkeit, die nur um wenige Grade besser war als die Beständigkeit der Kautschukkleber, was normalerweise nach den bisherigen Erfahrungen mit Fett und Weichmachern von Gummimaterial nicht ohne weiteres zu erwarten war. Sehr wahrscheinlich hängt dies aber mit dem Typ der Weichmacher – die hauptsächlich auf Phthalsäureesterbasis aufgebaut sind – zusammen, da diese auf Polychloropren ähnlich wirken wie Essigester und Butylester.

Unter Umständen kann es auch in diesen Fällen an den Harzzusätzen der Polychloroprenkleber liegen. Diese Fragen müssen in weiteren Untersuchungen geklärt werden.

Als interessantes Ergebnis dieser Untersuchungen war jedoch die Feststellung zu werten, daß ein Naturlatexkleber ohne oder mit möglichst wenig Zusatz von Harzen die beste Beständigkeit – auch bei den verschiedensten Alterungsprüfungen der Klebstoff-Filme – ergab. Hier zeigte sich, daß je nach der Menge des Harzzusatzes die Beständigkeit der Klebstoff-Filme gegenüber den Weichmachern stärker abnahm, so daß bei hohen Harzzusätzen eine sehr schnelle Erweichung der Klebstoff-Filme eintrat. Diese Abstufungen waren bei den verschiedenen Alterungsprüfungen bei normaler Temperatur, bei 40° C und bei 70° C deutlich zu erkennen.

Die Verklebung von PVC-Material mit Sohlenmaterial wurde im Rahmen dieser Arbeit nur ganz kurz untersucht, und zwar nur insoweit, als es sich hier um die Verwendung von Vorstreichklebern auf Basis von Mischpolymerisat, Polyvinylacetat und Polyvinylchlorid handelte. Es zeigte sich, daß diese Kleber bzw. Klebstoffvorstriche eine verhältnismäßig gute Beständigkeit gegenüber den Weichmachern besitzen und auch eine weitere Verarbeitung mit Polychloroprenkleber erlauben. Die Untersuchungen in dieser Richtung müssen in einer weiteren Arbeit fortgesetzt werden, da die Probleme zu vielseitig sind, als daß sie im Rahmen dieser Untersuchungen hätten erschöpfend behandelt werden können.

6. Zusammenfassung

In der vorliegenden Arbeit wurde der Einfluß der verschiedenen Lederfettungsmittel auf die Verklebung, besonders bei Verwendung von Polychloropren- und Kautschukklebern untersucht. Dadurch konnte die unterschiedliche Wirkung der einzelnen Fettungsmittel auf die Verklebung erstmalig genauer festgestellt werden. Auf Grund dieser Erkenntnisse wurde eine analytische Untersuchung der einzelnen Lederfette vorgenommen, um sich die chemischen Reaktionen mit den Klebstoffen erklären zu können. Die analytische Untersuchung erfolgte papierchromatographisch. Es wurden dabei wertvolle Erkenntnisse gesammelt, die in einer jetzt laufenden weiteren Arbeit – unter Zuhilfenahme von Gaschromatographie und Infrarotspektroskopie – verwendet werden.

Die weiteren Untersuchungen der Einflüsse von Weichmachern und Plastikatoren bei Gummimaterial haben den großen Einfluß dieser Produkte auf die Haltbarkeit der Verklebung gezeigt. Die Unterschiede zwischen den einzelnen Weichmachern konnten deutlich erkannt und entsprechende Empfehlungen gegeben werden. Weiter wurden die Wechselwirkungen zwischen Weichmachern und Füllstoffen aufgezeigt.

Die Untersuchungen von Kunststoffen bzw. Kunstledermaterialien zeigten, wie stark die Einflüsse der Weichmacher bei diesen Produkten auf die Verklebung sind. Deshalb müssen – besonders bei Kunststoffmaterialien, bei denen die Weichmacheranteile wesentlich höher liegen als bei Kautschuk – diese Wirkungen unbedingt mehr beachtet werden.

Wir danken dem Land Nordrhein-Westfalen – besonders aber dem Landesamt für Forschung – für die großzügige finanzielle Unterstützung, ohne die diese Arbeit nicht hätte durchgeführt werden können.

Dr. rer. nat. Wilhelm Fischer

Dr. rer. nat. Lothar Jaehn

Literaturverzeichnis

[1] Fischer, W., Leder 12, 223 (1961).
[2] Fischer, W., Kautschuk und Gummi 15, 204 (1962).
[3] Kremer et. al., Schuhtechnik 56, 207 (1962).
[4] Kaufmann, H. P., und H. Schnurbusch, Fette und Seifen 61, 523 (1959).
[5] Kaufmann, H. P., und Z. Makus, Fette und Seifen 61, 631 (1959).
[6] Kaufmann, H. P., Analyse der Fette und Fettprodukte, 1958, S. 436 (Monographie).
[7] Kaufmann, H. P., et. al., Fette und Seifen 56, 154 (1954).
[8] Kaufmann, H. P., et. al., Fette und Seifen 57, 473 (1955).
[9] Kaufmann, H. P., et. al., Fette und Seifen 58, 234 (1956).
[10] Kaufmann, H. P., et. al., Fette und Seifen 60, 168 (1958).
[11] Kaufmann, H. P., et. al., Fette und Seifen 61, 633 (1959).
[12] Kaufmann, H. P., Analyse der Fette und Fettprodukte, 1958, S. 868 (Monographie).
[13] Kaufmann, H. P., und H. Schnurbusch, Fette und Seifen 60, 1046 (1958).
[14] Kaufmann, H. P., und E. Mohr, Fette und Seifen 60, 172 (1958).
[15] Kaufmann, H. P., und Z. Makus, Fette und Seifen 62, 153 (1960).
[16] Kaufmann, H. P., Analyse der Fette und Fettprodukte, 1958, S. 869 und 871 (Monographie).
[17] Fischer, W., und L. Jaehn, Leder 13, 188 (1962).

FORSCHUNGSBERICHTE DES LANDES NORDRHEIN-WESTFALEN

Herausgegeben im Auftrage des Ministerpräsidenten Dr. Franz Meyers von Staatssekretär Prof. Dr. h. c. Dr.-Ing. E. h. Leo Brandt

CHEMIE

HEFT 2
Prof. Dr. W. Fuchs †, Aachen
Untersuchungen über absatzfreie Teeröle
1952, 32 Seiten, 5 Abb., 6 Tabellen, DM 10,—

HEFT 6
Prof. Dr. W. Fuchs †, Aachen
Untersuchungen über die Zusammensetzung und Verwendbarkeit von Schwelteerfraktionen
1952, 36 Seiten, DM 10,50

HEFT 7
Prof. Dr. W. Fuchs †, Aachen
Untersuchungen über emsländisches Petrolatum
1952, 36 Seiten, 1 Abb., 17 Tabellen, DM 10,50

HEFT 16
Max-Planck-Institut für Kohlenforschung, Mülheim a. d. Ruhr
Arbeiten des MPI für Kohlenforschung
Vergriffen

HEFT 25
Gesellschaft für Kohlentechnik mbH, Dortmund-Eving
Struktur der Steinkohlen und Steinkohlen-Kokse
Vergriffen

HEFT 30
Gesellschaft für Kohlentechnik mbH, Dortmund-Eving
Kombinierte Entaschung und Verschwelung von Steinkohle; Aufarbeitung von Steinkohlenschlämmen zu verkokbarer oder verschwelbarer Kohle
1953, 56 Seiten, 16 Abb., 10 Tabellen, DM 10,50

HEFT 36
Forschungsinstitut der Feuerfest-Industrie, Bonn
Untersuchungen über die Trocknung von Rohton, Untersuchungen über die technische Reinigung von Silika- und Schamotte-Rohstoffen mit chlorhaltigen Gasen
1953, 60 Seiten, 5 Abb., 5 Tabellen, DM 11,—

HEFT 42
Prof. Dr. B. Helferich, Bonn
Untersuchungen über Wirkstoffe — Fermente — in der Kartoffel und die Möglichkeit ihrer Verwendung
1953, 58 Seiten, 9 Abb., DM 11,—

HEFT 46
Prof. Dr. W. Fuchs †, Aachen
Untersuchungen über die Aufbereitung von Wasser für die Dampferzeugung in Benson-Kesseln
1953, 58 Seiten, 18 Abb., 9 Tabellen, DM 11,20

HEFT 55
Forschungsgesellschaft Blechverarbeitung e. V., Düsseldorf
Chemisches Glänzen von Messing und Neusilber
1954, 50 Seiten, 21 Abb., 1 Tabelle, DM 10,20

HEFT 57
Prof. Dr.-Ing. F. A. F. Schmidt, Aachen
Untersuchungen zur Erforschung des Einflusses des chemischen Aufbaues des Kraftstoffes auf sein Verhalten im Motor und in Brennkammern von Gasturbinen
1954, 70 Seiten, 32 Abb., DM 14,60

HEFT 58
Gesellschaft für Kohlentechnik mbH, Dortmund-Eving
Herstellung und Untersuchung von Steinkohlenschwelteer
1954, 74 Seiten, 9 Abb., 9 Tabellen, DM 13,75

HEFT 59
Forschungsinstitut der Feuerfest-Industrie e. V., Bonn
Ein Schnellanalysenverfahren zur Bestimmung von Aluminiumoxyd, Eisenoxyd und Titanoxyd in feuerfestem Material mittels organischer Farbreagenzien auf photometrischem Wege
Untersuchungen des Alkali-Gehaltes feuerfester Stoffe mit dem Flammenphotometer nach Riehm-Lange
Vergriffen

HEFT 67
Heinrich Wösthoff oHG, Apparatebau, Bochum
Entwicklung einer chemisch-physikalischen Apparatur zur Bestimmung kleinster Kohlenoxyd-Konzentrationen
1954, 94 Seiten, 48 Abb., 2 Tabellen, DM 18,25

HEFT 87
Gemeinschaftsausschuß Verzinken, Düsseldorf
Untersuchungen über Güte von Verzinkungen
Vergriffen

HEFT 88
Gesellschaft für Kohlentechnik mbH, Dortmund-Eving
Oxydation von Steinkohle mit Salpetersäure
Vergriffen

HEFT 108
Prof. Dr. W. Fuchs †, Aachen
Untersuchungen über neue Beizmethoden und Beizabwässer
I. Die Entzunderung von Drähten mit Natriumhydrid
II. Die Aufbereitung von Beizabwässern
1955, 82 Seiten, 15 Abb., 14 Tabellen, 1 Falttafel DM 15,25

HEFT 121
Dr. H. Krebs, Bonn
I. Die Struktur und die Eigenschaften der Halbmetalle
II. Die Bestimmung der Atomverteilung in amorphen Substanzen
III. Die chemische Bindung in anorganischen Festkörpern und das Entstehen metallischer Eigenschaften
1955, 124 Seiten, 36 Abb., 13 Tabellen, DM 22,90

HEFT 128
Prof. Dr. O. Schmitz-DuMont, Bonn
Untersuchungen über Reaktionen in flüssigem Ammoniak
1955, 96 Seiten, 11 Abb., 6 Tabellen, DM 17,75

HEFT 132
Prof. Dr. W. Seith, Münster
Über Diffusionserscheinungen in festen Metallen
1955, 42 Seiten, 19 Abb., 4 Tabellen, DM 9,10

HEFT 133
Prof. Dr. E. Jenckel, Aachen
Über einen für Schwermetalle selektiven Ionenaustauscher
1955, 48 Seiten, 8 Abb., 13 Tabellen, DM 9,50

HEFT 134
Prof. Dr.-Ing. H. Winterhager, Aachen
Über die elektrochemischen Grundlagen der Schmelzfluß-Elektrolyse von Bleisulfid in geschmolzenen Mischungen mit Bleichlorid
1955, 54 Seiten, 20 Abb., 5 Tabellen, DM 11,80

HEFT 139
Prof. Dr. W. Fuchs †, Aachen
Studien über die thermische Zersetzung der Kohle und die Kohlendestillatprodukte
1955, 64 Seiten, 20 Abb., 22 Tabellen, DM 11,80

HEFT 141
Dr. J. van Calker und Dr. R. Wienecke, Münster
Untersuchungen über den Einfluß dritter Analysenpartner auf die spektrochemische Analyse
1955, 42 Seiten, 15 Abb., DM 9,10

HEFT 149
Dr.-Ing. K. Konopicky und Dipl.-Chem. P. Kampa, Bonn
I. Beitrag zur flammenphotometrischen Bestimmung des Calciums
Dr.-Ing. K. Konopicky, Bonn
II. Die Wanderung von Schlackenbestandteilen in feuerfesten Baustoffen
1955, 54 Seiten, 10 Abb., 5 Tabellen, DM 11,—

HEFT 160
Prof. Dr. W. Klemm, Münster
Über neue Sauerstoff- und Fluor-haltige Komplexe
1955, 50 Seiten, 13 Abb., 7 Tabellen, DM 10,80

HEFT 166
Prof. Dr. M. v. Stackelberg, Dr. H. Heindze, Dr. H. Hübschke und Dr. K. H. Frangen, Bonn
Kolloidchemische Untersuchungen
1955, 106 Seiten, 8 Abb., 13 Tabellen, DM 21,25

HEFT 169
Forschungsinstitut für Pigmente und Lacke, Stuttgart
Arbeiten über die Bestimmung des Gebrauchswertes von Lackfilmen durch physikalische Prüfungen
1955, 70 Seiten, 23 Abb., 4 Tabellen, DM 15,—

HEFT 178
Prof. Dr. M. v. Stackelberg und Dr. W. Hans, Bonn
Untersuchungen zur Ausarbeitung und Verbesserung von polarographischen Analysenmethoden
1955, 46 Seiten, 14 Abb., DM 10,50

HEFT 190
Prof. Dr. A. Neuhaus, Prof. Dr. O. Schmitz-DuMont und Dipl.-Chem. H. Reckhard, Bonn
Zur Kenntnis der Alkalititanate
1955, 60 Seiten, 13 Abb., 1 Tabelle, DM 12,20

HEFT 193
Prof. Dr. O. Schmitz-DuMont, Bonn
Untersuchungen über neue Pigmentfarbstoffe
1956, 50 Seiten, 16 Abb., 8 Tabellen, DM 11,20

HEFT 205
Dr. C. Schaarwächter, Düsseldorf
Über plastische Kupfer-Eisen-Phosphor-Legierungen
1956, 36 Seiten, 10 Abb., 10 Tabellen, DM 8,30

HEFT 219
Prof. Dr. W. Fuchs †, Aachen
Untersuchungen zur Holzabfallverwertung und zur Chemie des Lignins
1955, 54 Seiten, 11 Abb., 15 Tabellen, DM 11,40

HEFT 220
Prof. Dr. W. Fuchs †, Aachen
Die Entwicklung neuer Regel- und Kontroll-Apparate zur coulometrischen Analyse
1956, 76 Seiten, 17 Abb., 23 Tabellen, DM 15,50

HEFT 228
Prof. Dr. F. Wever, Dr. W. Koch, Düsseldorf, und Dr. B. A. Steinkopf, Dortmund
Spektrochemische Grundlagen der Analyse von Gemischen aus Kohlenmonoxyd, Wasserstoff und Stickstoff
1956, 42 Seiten, 18 Abb., 1 Tabelle, DM 9,90

HEFT 229
Prof. Dr. F. Wever, Dr. W. Koch und Dr.-Ing. H. Malissa, Düsseldorf
Über die Anwendung disubstituierter Dithiocarbamate der analytischen Chemie
1956, 44 Seiten, 30 Abb., 5 Tabellen, DM 10,50

HEFT 270
Prof. Dr. rer. nat. H. Krebs, Dipl.-Chem. Dr. rer. nat. J. Diewald, Dipl.-Chem. Dr. rer. nat. R. Rasche und Dipl.-Chem. Dr. rer. nat. J. A. Wagner, Bonn
Die Trennung von Racematen auf chromatographischem Wege
1956, 62 Seiten, 18 Tabellen, DM 12,95

HEFT 282
Bergrat a. D. F. Scherer, Bochum
Das B. T.-Schwelverfahren und seine Anwendung auf der Anlage Marienau
1956, 44 Seiten, 7 Abb., DM 9,60

HEFT 287
Prof. Dr.-Ing. habil. K. Krekeler, Aachen
Änderungen der mechanischen Eigenschaftswerte thermoplastischer Kunststoffe bei Beanspruchung in verschiedenen Medien
1956, 49 Seiten, 23 Abb., 5 Tabellen, DM 13,70

HEFT 297
Dr. phil. C. Schaarwächter und Dr. rer. nat. W. Schaarwächter, Düsseldorf
Die Reduktion von Siliziumtetrachlorid im Lichtbogen zur nachfolgenden Silizierung von Eisenblechen
1958, 22 Seiten, 12 Abb., 1 Tabelle, DM 8,20

HEFT 303
Prof. Dr.-Ing. S. Kiesskalt, Aachen
Das Institut der Forschungsgesellschaft Verfahrenstechnik e. V. an der Technischen Hochschule Aachen
1956, 76 Seiten, 20 Abb., 3 Tabellen, DM 16,50

HEFT 309
Prof. Dr. K. Cruse, Dipl.-Phys. B. Ricke und Dipl.-Phys. R. Huber, Clausthal-Zellerfeld
Aufbau und Arbeitsweise eines universell verwendbaren Hochfrequenz-Titrationsgerätes
1957, 48 Seiten, 29 Abb., DM 11,90

HEFT 321
Prof. Dr. F. Wever, Düsseldorf, und Dr. W. Wepner, Köln
Gleichzeitige Bestimmung kleiner Kohlenstoff- und Stickstoffgehalte im α-Eisen durch Dämpfungsmessung
1956, 30 Seiten, 3 Abb., 4 Tabellen, DM 6,80

HEFT 327
Prof. Dr.-Ing. habil. K. Krekeler und Dr.-Ing. H. Peukert, Aachen
Beitrag zur thermoelastischen Formbarkeit von Polyäthylen
1956, 44 Seiten, 49 Abb., 9 Tabellen, DM 12,80

HEFT 367
Dr. rer. nat. D. Horstmann, Düsseldorf
Der Angriff eisengesättigter Zinkschmelzen auf kohlenstoff-, schwefel- und phosphorhaltiges Eisen
1957, 52 Seiten, 22 Abb., 6 Tabellen, DM 12,85

HEFT 372
Prof. Dr. phil. M. v. Stackelberg, Bonn
Untersuchungen zur Ausarbeitung und Verbesserung von polarographischen Analysenmethoden 2. Bericht
1957, 44 Seiten, 9 Abb., 7 Tabellen, DM 10,15

HEFT 400
Prof. Dr. phil. W. Fuchs † und Dr. rer. nat. H. Weyerstrass, Aachen
Entwicklung eines Heißfilters zur Reinigung von Gichtgas eines mit Kohle betriebenen Niederschachtofens
1958, 88 Seiten, 30 Abb., DM 20,20

HEFT 401
Prof. Dr.-Ing. M. Lipp und Dipl.-Chem. G. Frielingsdorf, Aachen
Darstellung reaktionsfähiger Verbindungen des Camphansystems und Versuche zu deren Fluorierung
1957, 84 Seiten, DM 17,—

HEFT 406
W. Kirsch, Chemieprodukte GmbH, Leverkusen-Rheindorf
Entwicklungsarbeiten auf dem Gebiet des Korrosionsschutzes und der Abdichtung
1957, 76 Seiten, 28 Abb., 11 Tabellen, DM 19,—

HEFT 409
Prof. Dr. phil. F. Wever, Dr. phil. W. Koch,
Dr. rer. nat. Ch. Ilschner-Gensch und
Dipl.-Phys. H. Rohde, Düsseldorf
Das Auftreten eines kubischen Nitrids in aluminiumlegierten Stählen
1957, 38 Seiten, 12 Abb., 3 Tabellen, DM 10,10

HEFT 463
Dipl.-Ing. G. Plüss, Essen-Steele
Die Aufteilung der verbrennlichen Bestandteile in Verbrennungsgasen auf CO und H_2 bei Verbrennung mit Luftunterschuß und bei Luftüberschuß und künstlicher Flammenkühlung
1957, 34 Seiten, 7 Abb., 2 Tabellen, DM 8,40

HEFT 485
Prof. Dr. phil. E. Jenckel, Aachen, Dr. H. Wilsing, Dormagen, Dr. H. Dörffurt, Wesseling (Bez. Köln) und Dipl.-Phys. H. Rinkens, Eschweiler
Kristallisation der Hochpolymeren
1958, 50 Seiten, 20 Abb., DM 15,70

HEFT 491
Prof. Dr. Fr. Lotze, Münster und K. Kötter, Essen
Chloridgehalte des oberen Emsgebietes und ihre Beziehungen zur Hydrogeologie
1958, 194 Seiten, 37 Abb., 17 Tabellen, DM 50,80

HEFT 495
Prof. Dr. phil. Dipl.-Ing. E. Asmus und
Dr. rer. nat. H.-F. Kurandt, Berlin
Einige analytische Anwendungen der Zincke-Königschen Reaktion
1958, 34 Seiten, 14 Abb., 7 Tabellen, DM 11,45

HEFT 503
Dr. rer. nat. J. Faßbender, Bonn
Untersuchungen über die Eigenschaften von Cadmiumsulfid-Sandwich-Zellen
1957, 36 Seiten, 8 Abb., DM 8,80

HEFT 515
Prof. Dr. phil. habil. H. E. Schwiete und
Dr.-Ing. Chr. Hummel, Aachen
Thermochemische Untersuchungen im System SiO_2 und Na_2O—SiO_2
1958, 110 Seiten, 29 Abb., 28 Tabellen, DM 28,—

HEFT 525
Prof. Dr. Dr. h. c. H. P. Kaufmann und
Dr. F. Weghorst, Münster
Beiträge zur Chemie und Technologie der Fetthärtung I
1958, 106 Seiten, 26 Abb., 14 Tabellen, DM 26,80

HEFT 540
Prof. Dr. rer. nat. H. Krebs, Bonn
Die katalytische Aktivierung des Schwefels
1958, 64 Seiten, 9 Abb., 4 Tabellen, DM 18,30

HEFT 541
Prof. Dr. O. Schmitz-DuMont, Bonn
Reaktionen in flüssigem Ammoniak zur Gewinnung von 1. Titanylamid, 2. Oxykobalt (III)-amiden, 3. Ammonobasischen Kobalt (III)-benzylaten
1958, 56 Seiten, 11 Abb., DM 16,80

HEFT 568
Prof. Dr. Dr. h. c. Dr. E. h. Alder†,
Dipl.-Chem. M. Dollhausen und
Dipl.-Chem. M. Fremery, Köln
Über einige neue Reaktionen des Indens
1958, 64 Seiten, 14 Abb., DM 19,50

HEFT 575
Prof. Dr. phil. habil. C. Kröger, Aachen
Verkokungsverhalten der Steinkohlenmacerale und ihrer Mischungen
1958, 58 Seiten, 18 Abb., 19 Tabellen, DM 18,70

HEFT 576
Prof. Dr. F. Micheel und Dr. H. G. Bussmann, Münster
Untersuchung synthetischer Kohlenhydrat-Eiweißverbindungen mit der Ultracentrifuge bei der Elektrophorese
1958, 146 Seiten, 63 Abb., 13 Tabellen, DM 37,10

HEFT 580
Prof. Dr.-Ing. A. Götte und Dr.-Ing. G. Scholz, Aachen
Unterstützung der Entwässerung von Feinkohle durch chemische Hilfsmittel
1958, 246 Seiten, 28 Abb., zahlr. Tabellen, DM 52,50

HEFT 589
Prof. Dr. phil. habil. C. Kröger, Aachen
Wärmebedarf der Silikatglasbildung
1958, 66 Seiten, 5 Abb., 28 Tabellen, DM 18,70

HEFT 645
Dr.-Ing. W. Kleinlein, Aachen
Das Fließverhalten dispers-plastischer Massen im Walzspalt
1958, 56 Seiten, 24 Abb., 1 Tabelle, DM 15,—

HEFT 653
Prof. Dr. K. Hamann und Dr. W. Funke, Stuttgart
Die Schutzwirkung organischer Inhibitoren in wäßriger Lösung gegenüber Eisen
1958, 72 Seiten, 31 Abb., DM 18,70

HEFT 656
Prof. Dr. E. Jenckel und Dr. H. Huhn, Aachen
Das Verkleben von Aluminium mit carboxylsubstituierten Polystyrolen
1958, 42 Seiten, 16 Abb., 3 Tabellen, DM 11,60

HEFT 666
Prof. Dr.-Ing. K. Krekeler, Dr.-Ing H. Peukert und Dipl.-Ing. B. Frerichmann, Aachen
Die Infraroterwärmung an thermoplastischen Kunststoffen
1959, 82 Seiten, 77 Abb., 5 Tabellen, DM 22,60

HEFT 685
Prof. Dr. A. Dietzel, Prof. Dr. H. Jagodzinski und Dr. H. Scholze, Würzburg
Untersuchungen an technischem Siliziumcarbid
1959, 42 Seiten, 5 Abb., 9 Tabellen, DM 11,60

HEFT 704
Prof. Dr. phil. W. Koch, Düsseldorf, Dr. rer. nat. Chr. Ilschner-Gensch, Essen und Dr. rer. nat. A. Khan, Bangalore (Indien)
Das Verhalten des Phosphors bei der Isolierung
1958, 28 Seiten, 17 Abb., 5 Tabellen, DM 8,90

HEFT 709
Doz. Dr. K.-D. Gundermann unter Mitarbeit von Dr. R. Thomas, Dipl.-Chem. G. Holtmann, Dipl.-Chem. R. Huchting und Dipl.-Chem. H. Rose, Münster (Westf.)
Synthesen mit ε-Chlor-acrylsäure-Derivaten
1959, 82 Seiten, 7 Abb., 11 Tabellen, DM 20,50

HEFT 710
Prof. Dr. phil. M. v. Stackelberg, Bonn
Untersuchungen zum Stoffwechsel der Augenlinse
1959, 40 Seiten, 10 Abb., DM 11,50

HEFT 711
Dr.-Ing. K. Alberti, Köln
Einfluß der chemischen Zusammensetzung des Anmachewassers auf die Festigkeit von Kalkmörteln
1959, 50 Seiten, 4 Abb., 20 Tabellen, DM 13,10

HEFT 727
Prof. Dr. phil. habil. C. Kröger, Aachen
Eigenschaften und chemische Konstitution der Steinkohlenmacerale
1959, 60 Seiten, 27 Abb., 16 Tabellen, DM 16,20

HEFT 780
Prof. Dr. phil. F. Wever, Düsseldorf
Untersuchungen von Walzölen und Walzölemulsionen im Kaltwalzversuch
1959, 68 Seiten, 28 Abb., mehr. Tabellen, DM 18,50

HEFT 807
Dipl.-Chem. K.-H. M. Tillwich, Aachen
Darstellung fluorierter Camphanverbindungen
1960, 51 Seiten, 6 Abb., DM 15,—

HEFT 821
Dr. rer. nat. H. Berge und Dr. rer. nat. H. Dahmen, Agrikulturchemisches Institut Heiligenhaus
Die Anwendungsmöglichkeiten der chemischen Luft- und Pflanzenanalyse zur Beurteilung industrieller Immissionen
1959, 58 Seiten, 19 Abb., DM 16,40

HEFT 843
Dipl.-Chem. W. Schmidt, Dipl.-Chem. E. Köhler und Dipl.-Ing. W. Schmidt
Flammenspektrometrische Alkalibestimmung im Korund
1960, 13 Seiten, 2 Abb., 1 Tabelle, DM 5,50

HEFT 858
Baudirektor W. Triebel, Viersen, und Dipl.-Ing. R. Nowak, Frankfurt a. M.
Herstellung von Schmelzphosphat-Dünger bei hygienischer Aufbereitung und Vernichtung von Stadtmüll
1960, 40 Seiten, 4 Abb., 12 Tabellen, DM 11,50

HEFT 863
Prof. Dr. habil. C. Kröger, Aachen
Das elektrische und Wärme-Leitvermögen von Glasmengen und Glasschmelzen
1960, 59 Seiten, 39 Abb., 12 Tabellen, DM 17,80

HEFT 866
Prof. Dr. F. Micheel und Dr. W. Heinemann, Münster (Westf.)
Eine neuartige Apparatur zur Hochspannungs-Papierelektrophorese
1960, 15 Seiten, 13 Abb., DM 6,70

HEFT 880
Prof. Dr. K. H. Hellwege und Dr. W. Knappe, Deutsches Kunststoff-Institut Darmstadt
Die Festigkeit thermoplastischer Kunststoffe in Abhängigkeit von den Verarbeitungsbedingungen
1960, 63 Seiten, 30 Abb., 8 Tabellen, DM 18,90

HEFT 884
Dr. H. van Haut und Dr. H. Stratmann, Essen-Bredeney
Experimentelle Untersuchungen über die Wirkung von Schwefeldioxyd auf die Vegetation
1960, 64 Seiten, 27 Abb., 1 Tabelle, DM 18,80

HEFT 932
Prof. Dr. E. Jenckel † und Dr. A. Nogaj, Dormagen, Bayerwerk
Die anomale Diffusion in dem System Polystyrol-Toluol
1961, 42 Seiten, 27 Abb., 3 Tabellen, DM 13,50

HEFT 999
Prof. Dr. F. Lotze u. a., Geologisch-Paläontologisches Institut der Universität Münster (Westf.)
Hydrogeologie des Westteils der Ibbenbürener Karbonscholle
1962, 113 Seiten, 45 Abb., 8 Tabellen, DM 36,90

HEFT 1001
Dipl.-Phys. Dr. rer. nat. G. Langner, Institut für Elektronenmikroskopie an der Medizin. Akademie Düsseldorf
Die Informationsübertragung bei der Mikroskopie mit Röntgenstrahlen
1961, 126 Seiten, 7 Abb., DM 37,—

HEFT 1046
Dr. R. Haug, Forschungsinstitut für Pigmente und Lacke e.V., Stuttgart
Die Bestimmung des Agglomerationszustandes von trockenen und dispergierten Pigmenten und dessen Zusammenhang mit anwendungstechnischen Eigenschaften
1961, 50 Seiten, 13 Abb., 19 Tabellen, DM 17,60

HEFT 1051
Dipl.-Ing. A. Puck, cand. ing. H. Bossel und cand. ing. W. Heil, Deutsches Kunststoff-Institut Darmstadt
Festigkeit und Steifigkeit von Papierwaben bei Druck- und Schubbeanspruchung
1962, 74 Seiten, 33 Abb., 3 Tabellen, DM 24,80

HEFT 1085
Prof. Dr. phil. habil. Carl Kröger, Dr. rer. nat. Heinz Meier zu Köcker und Dipl.-Chem. Richard Meltzow, Institut für Brennstoffchemie an der Technischen Hochschule Aachen
Untersuchung des Einflusses physikalischer und chemischer Faktoren auf die Verbrennung flüssiger Brennstoffe unter erhöhtem Sauerstoffdruck
1962, 62 Seiten, 53 Abb., 11 Tabellen, DM 31,40

HEFT 1096
Dr.-Ing. Kamillo Konopicky und Dipl.-Chem. Emil Karl Köhler, Forschungsinstitut der Feuerfest-Industrie, Bonn
Die Veränderung der keramisch-technologischen Eigenschaften und des Mineralaufbaues verschiedener Tone beim Brennen
1962, 46 Seiten, 23 Abb., 3 Tabellen, DM 27,50

HEFT 1108
Prof. Dr. Dr. h. c. Hans Paul Kaufmann und Dr. Eugen Schmülling, Institut für Industrielle Fettforschung, Münster
Beiträge zur Chemie und Technologie der Fetthärtung II
1962, 77 Seiten, 23 Abb., 34 Tabellen, DM 32,—

HEFT 1109
Prof. Dr. Dr. h. c. Hans Paul Kaufmann und Dr. Adelheid Tobschirbel, Institut für Industrielle Fettforschung, Münster
Oxydative Veränderungen von Fetten.
1962, 59 Seiten, 7 Abb., 10 Tabellen, DM 22,—

HEFT 1114
Dipl.-Chem. Dr. phil. Siegfried Eckhard und Dipl.-Phys. Walter Baum, Max-Planck-Institut für Eisenforschung, Düsseldorf
Über ein physikalisches Verfahren zur Bestimmung des Wasserstoffs im ternären Gemisch mit Stickstoff und Kohlenmonoxyd.
1962, 63 Seiten, 31 Abb., DM 39,80

HEFT 1136
Prof. Dr.-Ing. Wilhelm Husmann, Emschergenossenschaft und Lippeverband, Essen
Chemische und biologische Auswirkungen der Abwasserbelastung des Rheines und Feststellung der Minderung seiner Selbstreinigungskraft
1963, 137 Seiten, 55 Abb., 21 Anlagen, 1 Falttafel, DM 69,50

HEFT 1141
Prof. Dr. phil. Dr. rer. nat. h. c. Burckhardt Helferich, Chemisches Institut der Universität Bonn
Arbeiten auf dem Gebiet der Sulfonsäuren, insbesondere der ein- und mehrwertigen aliphatischen Sulfonsäuren
1963, 21 Seiten, DM 8,40

HEFT 1142
Prof. Dr. phil. habil. Carl Kröger, Institut für Brennstoffchemie (Kohlechemie) der Technischen Hochschule Aachen
Eigenschaften von Hochvakuumteeren, Extrakten und Restkohlen sowie von Chlorierungs- und Sulfonierungsprodukten der Steinkohlen
1963, 56 Seiten, 24 Abb., 24 Tabellen, DM 32,—

HEFT 1153
Prof. Dr.-Ing. Wilhelm Husmann, Dr. rer. nat. F. Malz und H. Jendreyko, Emschergenossenschaft, Essen
Beseitigung von Detergentien aus Abwässern und Gewässern
1963, 127 Seiten, 33 Abb., 53 Tabellen, DM 54,80

HEFT 1165
Dr.-Ing. Dietrich George und Dr. rer. nat. Joachim Karweil, Bergbau-Forschung, Essen
Herstellung eines reaktionsfähigen Steinkohlenkokses für die Schwefelkohlenstoffgewinnung
1963, 29 Seiten, 4 Abb., DM 10,80

HEFT 1168
Dr. rer. nat. Dipl.-Chem. Max Friedrich, Forschungsstelle für Brandschutztechnik an der Technischen Hochschule Karlsruhe
Untersuchungen über das Verhalten und die Wirkungsweise verschiedener Trockenlöschmittel
1963, 53 Seiten, 22 Abb., 2 Tabellen, DM 24,80

HEFT 1177
Prof. Dr. Joseph Holluta und Dipl.-Chem. Irmgard Brune, Karlsruhe
Untersuchungen über die Mineralöllast des Niederrheins und deren Herkunft
In Vorbereitung

HEFT 1184
Dr. rer. nat. Dipl.-Chem. Heinrich Stratmann, Forschungsinstitut für Luftreinhaltung e. V., Essen
Freilandversuche zur Ermittlung von Schwefeldioxydwirkungen auf die Vegetation. II. Teil: Messung und Bewertung der SO_2-Immissionen
In Vorbereitung

HEFT 1187
Dr. rer. nat. Fritz Glaser und Dipl.-Chem. Gerd Collin, Institut für chemische Technologie der Rhein.-Westf. Technischen Hochschule Aachen
Über rechnerische Methoden zur Feststellung wesentlicher Gleichgewichtswerte der chemischen Thermodynamik am Beispiel von organischen Stickstoffverbindungen
In Vorbereitung

HEFT 1188
Dr. rer. nat. Fritz Glaser und Dr. rer. nat. habil. Hans-Georg Schäfer, Institut für chemische Technologie der Rhein.-Westf. Technischen Hochschule Aachen
Über die Aufarbeitung von Rückständen aus der Altschmierölraffination
In Vorbereitung

HEFT 1206
Prof. Dr. Fritz Micheel, Dr. H. Schweppe, Dr. P. Albers, Dr. W. Schminke und Dr. W. Leifels, Organisch-chemisches Institut der Universität Münster
Papierchromatographische Trennung hydrophober Substanzen mit Cellulose-Ester-Papieren
Prof. Dr. Fritz Micheel, Siegfried Thomas, Horst Haneke und Walter Meckstroth, Organisch-chemisches Institut der Universität Münster
Ein neues Verfahren zur Peptid-Synthese
In Vorbereitung

HEFT 1207
Prof. Dr. Dr. h. c. Hans Paul Kaufmann und Dr. Horst Schnurbusch, Deutsches Institut für Fettforschung, Münster
Die Umesterung von Fetten und Ölen
In Vorbereitung

HEFT 1208
K. Nollen und K. H. Reichert, Forschungsinstitut für Pigmente und Lacke e. V., Stuttgart, Leiter: Prof. Dr. K. Hamann
Untersuchung über die Einwirkung der verschiedenen Bewitterungseinflüsse auf Anstrichfilme
In Vorbereitung

HEFT 1213
Dr. rer. nat. W. Fischer und Dr. rer. nat. L. Jaehn, Prüf- und Forschungsinstitut für die Schuhherstellung, Pirmasens
Untersuchung der Beeinflussung der Adhäsions- und Kohäsionsenergie von Klebstoffen

HEFT 1218
Prof. Dr.-Ing. Dr. rer. nat. h. c. Wilhelm Reerink, Dr. rer. nat. Kurt-Günther Beck und Dr.-Ing. Wilhelm Weskamp, Steinkohlenbergbau-Verein, Essen
I. Die Versuchskokerei des Steinkohlenbergbau-Vereins
II. Der Einfluß der Heizzugtemperatur auf die Hochtemperaturverkokung im Horizontalkammerofen bei Schüttbetrieb
In Vorbereitung

HEFT 1219
Prof. Dr. Karl-Dietrich Gundermann, Dr. Roswitha Huchting, Dr. Gerhard Holtmann, Dr. Hans-Joachim Rose, Dr. Christian Burba und Dipl.-Chem. Helmut Schulze, Organisch-chemisches Institut der Universität Münster
Untersuchungen an Iso- und Heterocyclen niedriger Ringgröße
1963, 46 Seiten, 5 Abb., DM 29,80

HEFT 1239
Dipl.-Geol. Dr.-Ing. Gert Michel, Geologisches Landesamt Nordrhein-Westfalen, Krefeld
Untersuchungen über die Tiefenlage der Grenze Süßwasser—Salzwasser im nördlichen Rheinland und anschließenden Teilen Westfalens, zugleich ein Beitrag zur Hydrogeologie und Chemie des tiefen Grundwassers
In Vorbereitung

HEFT 1253
Dipl.-Ing. Alfred Puck und Dipl.-Ing. Horst Wurtinger, Deutsches Kunststoff-Institut Darmstadt
Werkstoffgemäße Dimensionierungs-Größen für den Entwurf von Bauteilen aus kunstharzgebundenen Glasfasern, Teil I und Teil II.
In Vorbereitung

HEFT 1256
Prof. Dr. rer. nat. Günther O. Schenck und Dr. rer. nat. Klaus Gollnick, Max-Planck-Institut für Kohlenforschung, Abteilung Strahlenchemie, Mülheim-Ruhr
Über die schnellen Teilprozesse photosensibilisierter Substrat-Übertragungen.
Untersuchungen über Chemismus und Kinetik der durch Xanthenfarbstoffe photosensibilisierten O_2-Übertragungen
In Vorbereitung

HEFT 1274
Dr. Erno Wieser und Prof. Dr. Ernst Jenckel †, Institut für physikalische Chemie der Rhein.-Westf. Technischen Hochschule Aachen
Die Spannungskorrosion von Polymethacrylsäuremethylester und ihre Ursachen
In Vorbereitung

HEFT 1303
Dipl.-Chem. Dr. rer. nat. Bernhard Fell, Dipl.-Chem. Reinhard Ulbrich, im Auftrag von Prof. Dr.-Ing. habil. Friedrich Asinger. Institut für Technische Chemie der Rhein.-Westf. Technischen Hochschule Aachen
Synthesen mit Kohlenmonoxyd. Darstellung von Formamidderivaten und Heterocyclen durch Umsetzung organischer Stickstoffbasen mit Kohlenmonoxyd unter Druck
In Vorbereitung

Verzeichnisse der Forschungsberichte, aus folgenden Gebieten, können beim Verlag angefordert werden: Acetylen/Schweißtechnik – Arbeitswissenschaft – Bau/Steine/Erden – Bauwirtschaft – Bergbau – Biologie – Chemie – Eisenverarbeitende Industrie – Elektrotechnik/Optik – Energiewirtschaft – Fahrzeugbau/Gasmotoren – Farbe/Papier/Photographie – Fertigung – Funktechnik/Astronomie – Gaswirtschaft – Holzbearbeitung – Hüttenwesen/Werkstoffkunde – Kunststoffe – Luftfahrt/Flugwissenschaften – Luftreinhaltung – Maschinenbau – Mathematik – Medizin/Pharmakologie/NE-Metalle – Physik – Rationalisierung – Schall/Ultraschall – Schiffahrt – Textiltechnik/Faserforschung/Wäschereiforschung – Turbinen – Verkehr – Wirtschaftswissenschaft.

Springer Fachmedien Wiesbaden GmbH

GPSR Compliance
The European Union's (EU) General Product Safety Regulation (GPSR) is a set of rules that requires consumer products to be safe and our obligations to ensure this.

If you have any concerns about our products, you can contact us on

ProductSafety@springernature.com

In case Publisher is established outside the EU, the EU authorized representative is:

Springer Nature Customer Service Center GmbH
Europaplatz 3
69115 Heidelberg, Germany

www.ingramcontent.com/pod-product-compliance
Ingram Content Group UK Ltd.
Pitfield, Milton Keynes, MK11 3LW, UK
UKHW061659190726
13853UKWH00008B/2292

* 9 7 8 3 6 6 3 0 6 4 5 1 0 *